幸福兔的羊毛氈大冒險

暢銷版

初階 3-2

附七種動物100%原尺寸版型

活潑生動的故事劇情、搭配
簡單易懂的教學、輕鬆製作
可愛的羊毛氈療癒作品！！

愛幸福文創設計　余小敏◎著

拯救
好心樹懶

 愛幸福羊毛/色號/需要份量 （可自行挑選喜歡的顏色）

11 主色/4g　　**06** 配色/少量　　**31** 白色/少量　　**38** 黑色/少量

 製作頭部 --

頭
（正面）

頭
（側面）

版型比列為1:1
製作時請反覆比對。

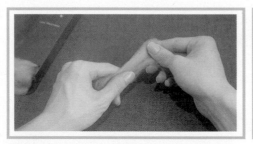

1 對照頭部版型的長度撕取所需要的羊毛。　**2** 將羊毛捲到比1:1版型略大一點。

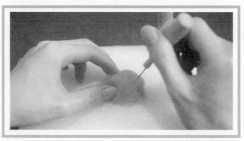

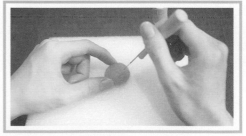

3 不斷翻轉羊毛同時用粗針、中針不斷戳、製作時請反覆對比1:1比列版型、若偏小則再加羊毛繼續戳大。　**4** 最後形成一個緊實的球體。

加油！
任務快完成了！

製作臉部 --

厚2mm

版型比列為1:1
製作時請反覆比對。

1 對照臉部版型的長度撕取所需要的羊毛、放在工作墊上輕輕戳出臉部形狀。

 加上眼框 --

  版型比列為1:1、製作時請反覆比對。

1 對照眼框版型的長度撕取所需要的羊毛、放在工作墊上輕輕戳出眼框形狀。

拯救
好心樹懶

 加上眼睛 --

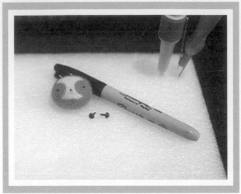 

1 找到眼睛位置、先用筆畫上記號、再用戳針或錐子戳出一個小洞將眼睛置入。

 製作鼻子 --

⌒厚2mm　版型比列為1:1
製作時請反覆比對。

1 取少量黑色羊毛、放在工作墊上輕輕戳出鼻子形狀。

2 參照成品圖將鼻子與頭部的接合處固定。

拯救成功！

加上鼻子下方線條和嘴線 --------------------------------

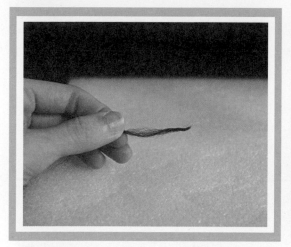

1 將黑色羊毛、以手指捻成細線。

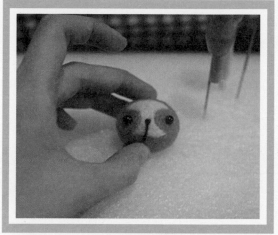

2 放在嘴部與鼻頭的位置固定、仔細固定調成直線條、以相同作法做出下嘴線、嘴角兩端較細。

好心樹懶完成！

好心樹懶：
我們一起去吃
芒果雪花冰～

拯救
紳士熊貓

 愛幸福羊毛/色號/需要份量 （可自行挑選喜歡的顏色）

06 主色/3g　**11** 配色/少量　**31** 白色/少量　**38** 黑色/少量

 製作頭部 -

頭
（正面）

頭
（側面）

版型比列為1:1
製作時請反覆比對。

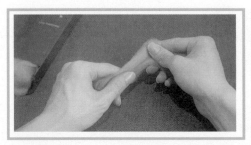

1 對照頭部版型的長度撕取所需要的羊毛。**2** 將羊毛捲到比1:1版型略大一點。

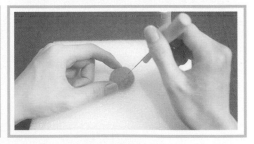

3 不斷翻轉羊毛同時用粗針、中針不斷戳、製作時請反覆比對1:1比列版型、若偏小則再加羊毛繼續戳大。**4** 最後形成一個緊實的球體。

 拯救成功！

 加油！
任務快完成了！

P5

製作耳朵 --------------------------------

紳士熊貓：
你好嗎？

 耳朵（2個）
正面＆側面
厚度相同

版型比列為1:1
製作時請反覆比對。

1 對照耳朵版型的長度撕取所需要的羊毛。

2 將羊毛捲到比1:1版型略大一點。

3 不斷翻轉羊毛同時用粗針、中針不斷戳、製作時請反覆對比1:1比列版型、若偏小則再加羊毛繼續戳大。

 接合頭部與耳朵 --------------------------------

成品圖

1 參照成品圖將耳朵對準與頭部的接合處固定。

 加上眼框 --

 版型比列為1:1
製作時請反覆比對。

1 對照眼框版型的長度撕取所需要的羊毛、放在工作墊上輕輕戳出眼框形狀。

 加上眼睛 --

1 找到眼睛位置、再用戳針或錐子戳出一個小洞將眼睛置入。

 拯救成功！

 拯救成功！

加上鼻子

黑色厚2mm

1 對照鼻子版型的長度撕取所需要的羊毛、放在工作墊上輕輕戳出鼻子形狀、白色黑色各一個。

2 放在嘴部與鼻頭位置固定。

 加上鼻子下方線條和嘴線

紳士熊貓：
嗨～

紳士熊貓完成！

1 將黑色羊毛、以手指捻成細線。 **2** 放在嘴部與鼻頭的位置固定、仔細固定調成直線條、以相同作法做出下嘴線、嘴角兩端較細。

拯救
暖暖兔

 愛幸福羊毛/色號/需要份量（可自行挑選喜歡的顏色）

11 主色/3g **06** 配色/少量 **38** 黑色/少量

 製作頭部 -

頭
（正面）

頭
（側面）

版型比列為1:1
製作時請反覆比對。

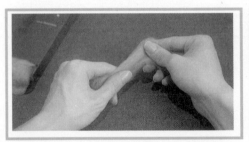

1 對照頭部版型的長度撕取所需要的羊毛。　**2** 將羊毛捲到比1:1版型略大一點。

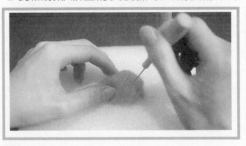

3 不斷翻轉羊毛同時用粗針、中針不斷戳、製作時請反覆比對1:1比列版型、若偏小
則再加羊毛繼續戳大。**4** 最後形成一個緊實的球體。

 拯救成功！

拯救成功！

加油！
任務快完成了！

P9

製作耳朵 --

耳朵（2個）
正面＆側面
厚度相同

版型比列為1:1
製作時請反覆比對。

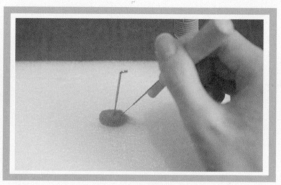

1 對照耳朵版型的長度撕取所需要的羊毛。　　**2** 將羊毛捲到比1:1版型略大一點。

3 不斷翻轉羊毛同時用粗針、中針不斷戳、製作時請反覆比對1:1比列版型、若偏小則再加羊毛繼續戳大。

 接合頭部與耳朵 ------------------------------------

1 參照成品圖將耳朵對準與頭部的接合處固定。　　**2** 相同作法接合另一隻耳朵。

 製作臉部 -------------------------

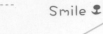 Smile ☻

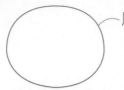 厚2mm

版型比列為1:1
製作時請反覆比對。

1 對照臉部版型的長度撕取所需要的羊毛、放在工作墊上輕輕戳出臉部形狀。

 加上眼睛 -----------------------------------

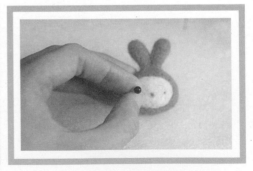

1 找到眼睛位置、先用筆畫上記號、再用戳針或錐子戳出一個小洞將眼睛置入。

 拯救成功！

 拯救成功！

 加油！
任務快完成了！

 **加上鼻子**

厚2mm　版型比列為1:1、製作時請反覆比對。

1 取少量黑色羊毛、放在工作墊上輕輕戳出鼻子形狀。

2 放在嘴部與鼻頭位置固定。

 加上鼻子下方線條和嘴線

1 將黑色羊毛、以手指捻成細線。**2** 放在嘴部與鼻頭的位置固定、仔細固定調成直線條、以相同作法做出下嘴線、嘴角兩端較細。

加上腮紅 --

⌒ 厚2mm

版型比列為1:1
製作時請反覆比對。

幸福兔完成！

1 將粉紅色羊毛、以手指捻成粉紅色圓
球、參照成品圖將腮紅對準接合處固定。

羊毛氈搭配冒險遊戲
實在太好玩了耶！
一直戳呀戳
心情也跟著越戳越好～

● 以下商品可至以下網址購買：shopee.tw/mimiyu0315

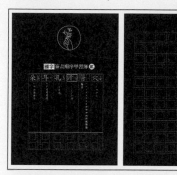

漢字練習 壹
國字筆畫順序學習簿

一套四本／定價299元

漢字練習 貳 國字筆畫順序學習簿
鋼筆專用紙

一套兩本／定價149元

幸福兔行事曆
鋼筆專用紙

定價149元

幸福兔筆記本
鋼筆專用紙

一本／定價149元

幸福兔的羊毛氈大冒險 初階 3-2

作　　者　余小敏
美編設計／攝影　余小敏
發 行 人　愛幸福文創設計
出 版 者　愛幸福文創設計
　　　　　新北市板橋區中山路一段160號
　　　　　發行專線　0936-677-482
　　　　　匯款帳號　國泰世華銀行（013）
　　　　　　　　　　045-50-025144-5
代 理 商　白象文化事業有限公司
　　　　　401台中市東區和平街228巷44號
　　　　　電話　04-22208589
印　　刷　卡之屋網路科技有限公司
初版一刷　2020年4月
定　　價　一套三本　新台幣299元

🌱 蝦皮購物網址
　shopee.tw/mimiyu0315

🌱 若有大量購書需求，請與客戶服
　務中心聯繫。

客戶服務中心

地　　址：22065新北市板橋區中
　　　　　山路一段160號
電　　話：0936-677-482
服務時間：週一至週五9:00-18:00
E-mail：mimi0315@gmail.com

幸福兔和他的好朋友

羊毛氈大魔王將幸福兔的好朋友全都隱形了
沒有朋友的日子就像沒了好心情
跟著幸福兔、一起來場羊毛氈大冒險吧！！

親手
做禮物～

這一關
要拯救：

好心樹懶
樂於助人會幫
陌生人開門。

紳士熊貓
沈穩體貼、聲
音很好聽。

暖暖兔
待人親切、朋
友很多、很有
長輩緣。

享受手作
的樂趣～

可愛小動物
超療癒！

跟著做就
好了呦！

羊毛氈
充滿溫度
的觸感

《幸福兔的羊毛氈大冒險（1套3本）》

2428915800696　NT$299
代理經銷：白象文化事業有限公司
一套三本 定價299元